"少年轻科普"丛书

当成语遇到科学

史军 / 主编
临渊、杨婴 / 著

广西师范大学出版社
·桂林·

图书在版编目(CIP)数据

当成语遇到科学／史军主编．—桂林：广西师范大学出版社，2018.7
（少年轻科普）
ISBN 978-7-5598-0868-4

Ⅰ.①当… Ⅱ.①史… Ⅲ.①植物-少儿读物 ②动物-少儿读物 Ⅳ.①Q94-49 ②Q95-49

中国版本图书馆 CIP 数据核字（2018）第 101087 号

出 品 人：刘广汉
责任编辑：刘美文
项目编辑：杨仪宁　郑　直
封面设计：DarkSlayer
内文设计：译出传播　孙吉明
插　　画：黄周节

广西师范大学出版社出版发行

（广西桂林市五里店路 9 号　　邮政编码：541004）
（网址：http://www.bbtpress.com）

出版人：张艺兵
全国新华书店经销
销售热线：021-65200318　021-31260822-898
山东鸿君杰文化发展有限公司印刷
（山东省淄博市桓台县寿济路 13188 号　邮政编码：256401）
开本：720 mm×1 000 mm　　1/16
印张：5.75　　　　　　　　字数：40 千字
2018 年 7 月第 1 版　　2018 年 7 月第 1 次印刷
定价：36.00 元

如发现印装质量问题，影响阅读，请与出版社发行部门联系调换。

序
PREFACE

每位孩子都应该有一粒种子

在这个世界上,有很多看似很简单,却很难回答的问题,比如说,什么是科学?

什么是科学?在我还是一个小学生的时候,科学就是科学家。

那个时候,"长大要成为科学家"是让我自豪和骄傲的理想。每当说出这个理想的时候,大人的赞赏言语和小伙伴的崇拜目光就会一股脑地冲过来,这种感觉,让人心里有小小的得意。

那个时候,有一部科幻影片叫《时间隧道》。在影片中,科学家们可以把人送到很古老很古老的过去,穿越人类文明的长河,甚至回到恐龙时代。懵懂之中,我只知道那些不修边幅、蓬头散发、穿着白大褂的科学家的脑子里装满了智慧和疯狂的想法,它们可以改变世界,可以创造未来。

在懵懂学童的脑海中,科学家就代表了科学。

什么是科学?在我还是一个中学生的时候,科学就是动手实验。

那个时候,我读到了一本叫《神秘岛》的书。书中的工程师似乎有着无限的智慧,他们凭借自己的科学知识,不仅种出了粮食,织出了衣服,造出了炸药,开凿了运河,甚至还建成了电报通信系统。凭借科学知识,他们把自己的命运牢牢地掌握在手中。

序 | PREFACE

　　于是，我家里的灯泡变成了烧杯，老陈醋和碱面在里面愉快地冒着泡；拆解开的石英钟永久性变成了线圈和零件，只是拿到的那两片手表玻璃，终究没有变成能点燃火焰的透镜。但我知道科学是有力量的。拥有科学知识的力量成为我向往的目标。

　　在朝气蓬勃的少年心目中，科学就是改变世界的实验。

　　什么是科学？在我是一个研究生的时候，科学就是炫酷的观点和理论。

　　那时的我，上过云贵高原，下过广西天坑，追寻骗子兰花的足迹，探索花朵上诱骗昆虫的精妙机关。那时的我，沉浸在达尔文、孟德尔、摩尔根留下的遗传和演化理论当中，惊叹于那些天才想法对人类认知产生的巨大影响，连吃饭的时候都在和同学讨论生物演化理论，总是憧憬着有一天能在《自然》和《科学》杂志上发表自己的科学观点。

　　在激情青年的视野中，科学就是推动世界变革的观点和理论。

　　直到有一天，我离开了实验室，真正开始了自己的科普之旅，我才发现科学不仅仅是科学家才能做的事情。科学不仅仅是实验，验证重力规则的时候，伽利略并没有真的站在比萨斜塔上面扔铁球和木球；科学也不仅仅是观点和理论，如果它们仅仅是沉睡在书本上的知识条目，对世界就毫无价值。

　　科学就在我们身边——从厨房到果园，从煮粥洗菜到刷牙洗脸，从眼前的花草大树到天上的日月星辰，从随处可见的蚂蚁蜜蜂到博物馆里的恐龙化石……

处处少不了它。

其实，科学就是我们认识世界的方法，科学就是我们打量宇宙的眼睛，科学就是我们测量幸福的尺子。

什么是科学？在这套"少年轻科普"丛书里，每一位小朋友和大朋友都会找到属于自己的答案——长着羽毛的恐龙、叶子呈现宝石般蓝色的特别植物、僵尸星星和流浪星星、能从空气中凝聚水的沙漠甲虫、爱吃妈妈便便的小黄金鼠……都是科学表演的主角。"少年轻科普"丛书就像一袋神奇的怪味豆，只要细细品味，你就能品咂出属于自己的味道。

在今天的我看来，科学其实是一粒种子。

它一直都在我们的心里，需要用好奇心和思考的雨露将它滋养，才能生根发芽。有一天，你会突然发现，它已经长大，成了可以依托的参天大树。树上绽放的理性之花和结出的智慧果实，就是科学给我们最大的褒奖。

编写这套丛书时，我和这套书的每一位作者，都仿佛沿着时间线回溯，看到了年少时好奇的自己，看到了早早播种在我们心里的那一粒科学的小种子。我想通过"少年轻科普"丛书告诉孩子们——科学究竟是什么，科学家究竟在做什么。当然，更希望能在你们心中，也埋下一粒科学的小种子。

"少年轻科普"丛书主编 史军

目录
CONTENTS

006 作茧自缚

010 鼠目寸光

014 昙花一现

018 斗折蛇行

022 藕断丝连

026 蛛丝马迹

030 金蝉脱壳

034 缘木求鱼

038 如蝇逐臭

042 蚕食鲸吞

046	050	054	058	062	068	072	076	082
张牙舞爪	鸠占鹊巢	狡兔三窟	螟蛉之子	囊萤映雪	莺歌蝶舞	葵藿倾阳	五毒俱全	缩头缩脑

作茧自缚 [fù]

蚕吐丝做成茧,把自己包在里面。比喻做了某件事,结果反而使自己受困;也比喻自己给自己找麻烦。

听到这个成语,一向默默无言、无私奉献的蚕终于忍不住反击了:"这真是天大的误解!我们做茧并没有使自己受困,相反,茧可是我们重要的保护伞!"

除非生病或者死亡,每只蚕最终都会结出一个茧——无论是雌是雄,这是蚕的宿命。想知道这是为什么,还要从头说起。

蚕的一生是从卵开始的。刚出生的蚕宝宝从卵里爬出来的时候,黑黑的,只有针眼那么大,像极了小蚂蚁,因此有人叫它"蚕蚁"。出生大约两小时后,蚕蚁就全身心投入到"吃饭"这件大事上了。它昼夜不停地吃,除了蚕的标准美食——桑叶,蒲公英、榆树叶、生菜叶、莴苣叶等二十多种植物的叶片,都在它的菜单上。

吃得多自然长得快。蚕宝宝努力吃,长大、蜕皮、再吃、再长大、再蜕皮……如此反复四次之后,终于到了变成蛹的时刻。

这是蚕一生中最危险的时期!虽然作为一种完全变态的昆虫,蚕的一生需要经过"卵、幼虫、蛹、成虫"四个不同的时期,其间各有各的危险,但蛹期最特别,因为此时它不但没

有进攻能力,更没有丝毫的防御能力,而且因为蛹味道鲜美,以鸟儿为代表的各种动物都把它列入了"最美味的食物"菜单……因此,蚕不得不启动"自动保护装置"——找一个妥善安全的位置固定好自己之后,昂起头、胸,左右摆动,吐出丝把自己层层包裹起来,这就是我们见到的"茧"了。

　　一个蚕茧拆开的丝足有600～900米长。这种丝黏黏的,有韧性,味道不佳,但结成的茧又温暖又舒适,可以保护蚕度过一个美好的蛹期,使它安心地从埋头苦吃的蚕,变成一心产子的蛾。

　　大约两周过去了,蚕蛾吐出"溶解液"将蚕丝溶解,随后扒开丝茧,钻了出来。此时的它拥有两对翅膀,却还不大会飞——事实上,它也并不在意,因为它一心一意只想着交尾产子,别说飞了,连吃喝都顾不上啦。

　　你要问它是怎样活下来的,嘿!你忘了蚕在幼虫阶段"快意吃喝"的生活啦?那段时间囤积的脂肪,足够维持它余下短短几天的寿命了。

TIPS
为什么有的蚕茧是白色,有的蚕茧是黄色?

　　家蚕的茧颜色多样,最常见的是白色,还有黄、红、绿等颜色,这主要和蚕的种类有关,据说和食物也有一定关系。日本科学家甚至通过基因改造技术对蚕进行了改造,培育出了能吐彩色蚕丝的蚕宝宝。

当成语遇到科学

鼠目寸光

古人以为老鼠只能看到一寸远的地方。形容目光短浅，没有远见。

老实说，鼠家族一直都十分不爽——因为自己在人类心目中的形象实在太差了！

瞧瞧这些成语吧，什么"獐头鼠目""蝇营鼠窥""抱头鼠窜""鼠目寸光"……对此，鼠族成员决定奋起反击："哼，你们人类知道什么！举个例子，'鼠目寸光'这个成语简直就是个笑话！"

作为啮齿目的重要一科，鼠族极为庞大。从极地到草原到沙漠，它们的足迹遍布地球上除南极之外的各个角落，目前已知的就有六百五十余种成员。它们各有各的习性和爱好，视力也大不相同。

大部分鼠族都是夜行性动物，白天睡觉（每天的睡眠时间大约为 14 个小时），晚上出来觅食——这就意味着它们必须拥有不同寻常的优秀视力，想想看：你能在黑夜里准确无误地找到要吃的食物吗？许多生活在野外的鼠族就能，它们能看清几十米之外的移动物体。

当然，它们的视力确实和同是哺乳动物的人类大不一样。比如，它们和狗一样，基本是色盲，对于明亮的物体能迅速反应，面对五彩缤纷的颜色却无可奈何。在它们眼中，世界几乎只有灰色和白色两种颜色，这也是人们喜欢给毒鼠灵之类的药物加上鲜亮颜色的原因——反正吃这东西的家伙也看不见！

哦，也许你会说，这儿的"鼠目寸光"指的不是野鼠，是家鼠，是那种常常在家里出现

的偷吃老鼠，家庭的"编外人员"。没错，这类老鼠因为常年待在人类狭窄的屋子里，视力得不到更好的锻炼，自然会差一点儿，但绝不至于只有"寸光"。据科学家研究发现，它们对光线还是很敏感的，即使在黑暗的地方，也能看见十米以内的移动物体。

更重要的是，除了视力，鼠族还有其他超级能力护身，比如听觉、嗅觉、味觉、触觉，以及平衡能力都极为惊人。而综合能力的强大，正是鼠族兴旺的重要原因之一。

现在，你是不是对鼠族刮目相看，准备认真研究、"批判"一下其他和老鼠相关的成语了呢？若是这样，鼠族全体成员一定会为你热烈鼓掌。

昙花一现 [tán]

昙花非常美丽,但是开放的时间很短。比喻美好的事物或景象出现了一下,很快就消失。

昙花可以说是最美丽、最神秘的植物之一。关于它，人们最津津乐道的是一个哀婉的传说。

传说，昙花原是一位花神，她每天都开放，风姿美好，无忧无虑。后来，她和一个每天为她浇水锄草的小伙子相爱了。玉皇大帝知道之后，这位以"拆姻缘"为重点工作内容之一的神仙大发雷霆，不仅狠狠惩罚了昙花花神，每年只准她开放一瞬间，还把小伙子送去灵鹫山出家，赐名韦陀。韦陀后来潜心修行，忘记了之前和花神所有的感情，然而花神却忘不了自己的爱人。她知道每年暮春时分，韦陀尊者都会上山采春露，为佛祖煎茶，就特意等到那时开花，希望韦陀再次见到开放的花朵，能认出她。遗憾的是，春去春来，花开花谢，韦陀一直都没有认出她来……

幸运的是，事实并没有这么令人伤感。昙花"一现"和它的原生地有关。

昙花的祖籍是美洲墨西哥热带沙漠地区，那个地方又热又干燥。为了能在这种严酷的环境中生存下去，植物们无不各显其能——它们中的绝大多数都放弃了白天开花，昙花也不例外。为了尽量减少水分的蒸腾，它的叶子早已渐渐退化，身体（茎）也变得又扁又平，这样既能"存水"，又能进行光合作用（和其他仙人掌科的植物，比如仙人掌、巨人柱一样）；至于开花时间更是选择在了晚上的八九点钟。原因很简单，这里白天太热、深夜太冷，唯有此时的气温和湿度最合适。更妙的是，这时候同样也是那些怕热又怕冷的夜行飞蛾、蝙蝠们最喜爱的活动时间。

于是，昙花就在这个时刻绽开玉一样白（在黑夜中特别显眼）、又大又娇嫩的花瓣，同时释放出了浓烈的香味，向那些可爱的授粉使者们发出了"邀请函"："亲爱的朋友们，这儿有最甜的花蜜哦，快来吧！过时不候！"久而久之，这最终成了昙花的生物钟。

TIPS
什么叫生物钟？

在所有生物体内都有"生物钟"，我们体内的生物钟决定了我们什么时候睡觉、吃饭，而植物的生物钟不仅决定了香味和花蜜的产生、树根液汁的分泌、树叶的休眠，还控制了花儿的开放时间——当然，生物钟也是由长期的演化机制决定的，不同地区的温度、湿度、光照等不同，因此同一种花儿也可能在不同时间开放。据此，人们现在已经可以选择让昙花开放的时间啦！

斗折蛇行

出自唐代柳宗元《永州八记·小石潭记》,意思是像北斗七星一样曲折,像蛇爬行时一样弯曲。形容道路曲折蜿蜒。

TIPS

蛇有多少节脊椎骨？

　　蛇的主要特点之一就是脊椎数目多，一般有 160 个以上，甚至可到 400 个以上。

　　如果我们有一双透视眼，可以看清蛇的身体，就会发现蛇的背部脊椎骨随着整个身躯延伸发展。它没有前肢与后肢，也没有肩部与臀部的骨头，上百根纤细的肋骨贴附在脊椎骨上。蛇的骨骼间的连接松弛且不紧密，这些都有利于它的身体弯曲以及卷绕。

　　只有一条蛇，才知道自己拥有多高的行走技艺。

　　你、我、他作为人类，在"行走"这件事上，和蛇根本没法比。虽然它们的身体像一根光秃秃的棍子，没有胸骨，没有四肢，没有翅膀，但这并不妨碍它们自由纵横于大自然之间——从茂密的草丛到高高的树枝，从松软的沙漠到湿滑的水底，从平坦地面到悬崖峭壁，蛇族成员大多来去自如，而且速度奇快（目前已知的最高时速为 11 千米）。如果乐意，它们还可以把身体盘绕起来，甚至打几个结 —— 而且，即使如此，也不会影响它们行走。

更有趣的是，蛇的行走方式并不是固定的，更不都是"曲折"的，比如，它们完全可以直线爬行。而且，不同种类的蛇也有着自己的行走偏好。科学家经过仔细观察，把它们的行走方式分成四种：蜿蜒爬行、收缩前进、直线爬行、侧绕行进。

其中，蜿蜒爬行是蛇族（尤其是中小型蛇）最热衷的。换句话说，它们走的是"S"形路线，先从脖子开始，有规律地收放全身的肌肉，缓缓地把身体左右摇摆，像波浪一般前进。

栖息在洞穴中的蛇则偏向于收缩前进——身体的后半部先弯曲收缩成许多段，再像锚一样固定住，蛇头和身体前段再向前伸张。等身体完全伸直后，再一次弯曲、收缩、伸直，如此重复就可以前进了。

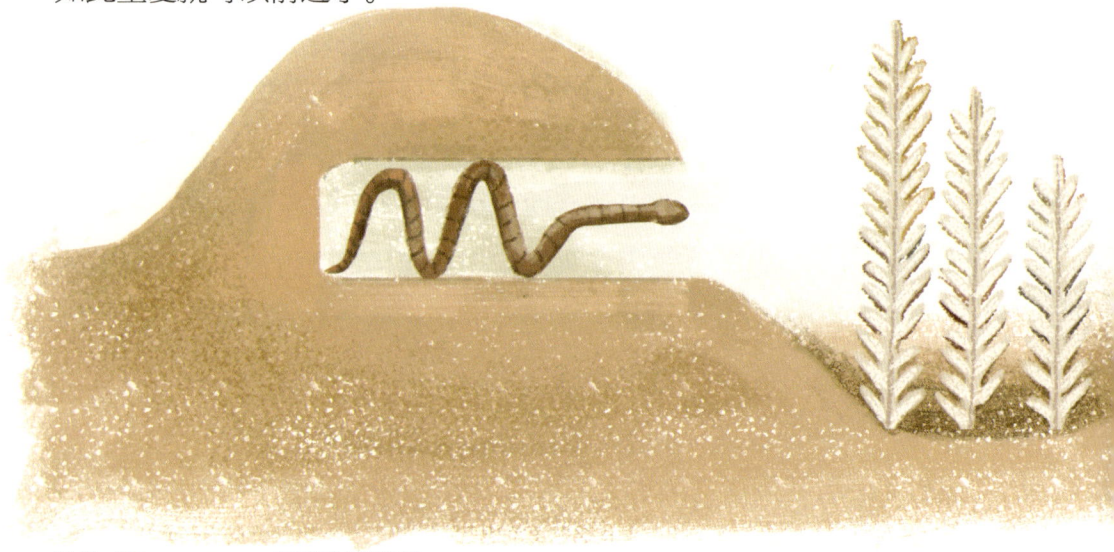

直线爬行和毛毛虫的爬行方式很像，主要以腹部的鳞片为支撑点，再以体侧的肌肉收缩前进，虽然缓慢，但不容易惊动猎物。因此这种方式被"有恃无恐"、体型庞大的蟒蛇广泛采用。

侧绕行进和收缩前进差不多，不过，主要是部分身体与地面接触，这可以避免被灼热的地面烫伤，是沙地蛇类最喜欢的行走方式。

当然了，蛇族才不会这么教条主义，一种蛇不会一辈子都固守一种行走方式。怎么走，如何走，走多快，它们会聪明地根据需要随机调节呢。

藕断丝连

出自唐朝诗人孟郊的《去妇》诗："妾心藕中丝，虽断犹牵连。"是说藕已折断，但还有许多丝连接着未断开。比喻表面上断了关系，实际上仍有牵连。

还有比莲更奇妙的植物吗？它生在水中，长在水中，死在水中，露出水面的只有长长的花柄、叶柄、花和叶子；它的茎埋在水底的淤泥中，一节一节的，各节之间生长着莲的须根、叶柄或花柄，这个地下茎的名字就叫作藕。

如果把藕折断，断藕之间一定会出现无数条相连的白色藕丝，把断藕拿远一点，丝也相应地被拉长了。一般情况下，距离拉长到10厘米左右时，两截断藕才会彻底分离呢。

事实上，不光是藕里，就连在莲的叶柄、花柄里，也有很多这种细细的丝。

很显然，这种丝并不是莲或藕"情谊深长"的表现，它们的出现是有原因的。

和动物一样，植物的生长也需要养料和水分，自然也需要运输它们的组织——在植物体内，这些组织是由很多空心的细管组成的，它们在叶、茎、花、果等器官中四通八达，就像我们人体内的血管一样畅通无阻。

不过，不同的植物，其组织的组成以及组合方式并不一样。构成这些细管的细胞，有的是平面垂直排列的，有的是一圈圈环绕围着的，而莲的组织却呈螺旋状排列。如果我们把莲的细管组织系统放大来看，它们的形状简直和拉力器的弹簧一模一样。

因此，当我们把藕、叶柄和花柄折断时，它们呈螺旋状的细管并没有断，只是像弹簧那样被拉长了，于是就出现了很多长长的细丝。当然，如果你用刀砍断藕或叶柄，就只能在切口上看到这些细丝啦——断藕们早已"黯然分离"，这是因为它们之间的连锁被破坏了，就像弹簧被铰断了一样。

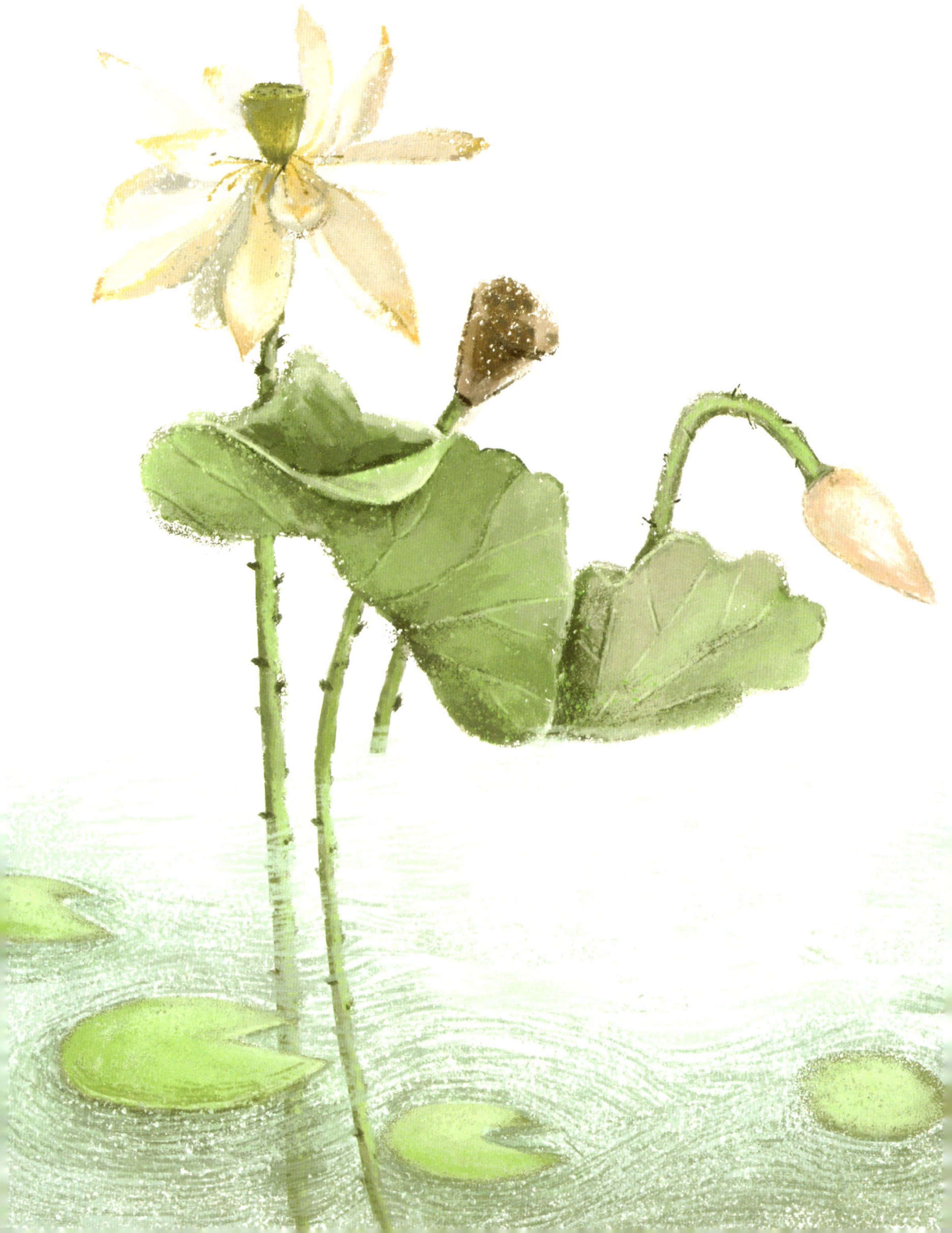

蛛丝马迹

从挂下来的蜘蛛丝可以找到蜘蛛的所在，从灶马（一种昆虫）爬过留下的痕迹可以查出灶马的去向。比喻事物留下的隐约可寻的痕迹和线索。

目前，地球上已知的蜘蛛有三万七千五百多种，它们是地球上最古老的动物之一——科学家已经找到了生活在大约三亿八千万年前蜘蛛的化石。

蜘蛛在地球上的生活范围十分广阔，从平原到山林，它们无所不在。蜘蛛生活的地方，大多会有蛛丝留下。大多数蜘蛛都是名副其实的吐丝高手，它们用蛛丝保护孩子，用蛛丝帮助自己搬家，用蛛丝捕猎……

事实上，就在它们刚刚从卵里孵化出来没多久，已经开始尝试着吐丝了。有的小蜘蛛甚至可以利用蛛丝和风漂洋过海，到几千千米以外的地方去。

在这些"吐丝高手"的腹部末端，一般有三对细孔，它们体内产生的液态纤维蛋白就从这些细孔喷出，一遇空气，立即凝固成丝。

然而，丝和丝并不一样。虽然它们看起来很相似，并且它们的主要组成部分也都是各种各样复杂的蛋白质，但蛋白质的具体种类取决于是哪种蜘蛛吐的，以及它想吐的是什么丝——这令渴望模拟出蜘蛛丝的科学家非常头疼。

就我们目前所知道的，蜘蛛至少能吐三种不同的丝。

当它要到别处去时，它吐出的丝，其强度可与尼龙媲美，但弹性是尼龙的两倍。

如果计划织网捕猎，它又会吐出一种钢铁一样坚硬的牵引丝来做框架。在框架上，它还能吐出一种黏黏的捕猎丝——如果把这种丝放到显微镜下，我们会发现它是由一些胶液小滴组成的液体串，滴液内有被卷成电话线一样的螺旋丝。当昆虫撞上网时，卷起的丝伸开，缓冲了冲力；当昆虫停止挣扎时，丝又重新卷起来。

还有的蛛丝能反射紫外线，引诱虫子上当，就像某些花也会反射紫外线，吸引昆虫来传粉。

哦，还有件事你也许不知道：并不只有会织网的蜘蛛才会吐丝。科学家发现狼蛛——这种不住在网上，而是住在洞穴里的昆虫，脚的末端也有吐丝管，也能吐出丝。

金蝉脱壳 [qiào]

原是一种生物现象,指蝉的幼虫变成成虫时脱去身上的壳。比喻用计脱身,不让对方察觉。

知了，学名叫作"蝉"。无论是在战场上还是生活中，一旦遇到难以对付的危机，总有人喜欢学习"蝉"，来一招"金蝉脱壳"，溜之大吉。可你是否知道，蝉脱壳是何等不容易，又是何等"惨烈"！

蝉的一生，是从卵开始的。不过，当它从卵里孵化出来，变成"知了猴"（知了的幼虫）之后，漫长的一生才算正式开始。

知了猴们一定要钻到地下，它们最短的要在地下生活2～3年，一般为4～5年，最长的要待17年之久。长期在地下生活，虽然四周黑漆漆的，但由于冬暖夏凉，且很少有天敌来威胁，又有树木根部的液体可供饮用，知了猴的生活还是挺自在的。它们要面临的最大危险是在经过差不多4次蜕皮后，钻出地面，爬上树枝进行最后一次蜕皮的时刻。

即使知了猴们小心翼翼地选择了合适的温度、湿度（最佳时机是麦收季节，下过雨后，土壤松软，很容易钻出来），但丢命的可

能性还是无处不在。毕竟，此刻是它们身体最柔弱的时候，无数鸟儿、家禽，甚至人类，都拿它们当成美味佳肴。

　　天黑了，知了猴终于成功爬到了灌木丛上，准备蜕皮了。这个过程一般需要一个小时左右。首先，它背上出现一条黑色的裂缝，接着开始慢慢自行解脱，就像从一副盔甲中爬出来。当知了猴的上半身获得自由后，它会倒挂着展开自己的翅膀——这个阶段极为重要，如果受到干扰，这只可怜的知了将终生残疾，也许根本无法起飞了。如果这次蜕皮过程够幸运，它的翅膀会慢慢变硬，并从淡绿色变成深褐色，然后它展开双翼，飞走了，开始为期约一个月的恋爱、生子，然后死亡。至于壳，就留在了那儿……

当成语遇到科学

缘木求鱼

爬到树上去找鱼。比喻方向或办法不对头,不可能达到目的。

"缘木求鱼"这个成语，是我国了不起的思想家孟子提出来的。他告诉梁惠王，如果解决问题的方法错了，就像爬到树上去找鱼，事儿就别想办成。

不过，我相信，有"亚圣"之称的孟子，很可能根本没去过我国南方的红树林湿地地区。事实上，鱼是完全有可能离开水的，也是可以上树的，只要它是弹涂鱼！

弹涂鱼是一种神奇的鱼。它头部像青蛙，身体像鳝鱼，体型娇小，具有特殊的保护色。它能在陆地上捕食、求偶以及守卫领土，当然，也包括上树。弹涂鱼上的树大多属于红树林，因为它主要生活在红树林中。而上树的目的主要是觅食——以蚊子为代表的昆虫正是它的美食之一。

弹涂鱼从来都不怕离开水，它经历了一系列特殊的进化过程，也因此拥有了很多特别的结构。比如，它有一对向外突出的大眼睛，在空中视力比较好，在水中的视力却已经退化；而只要保持身体湿润（所以，它不会离开水太久，毕竟它也是鱼啊），就连皮肤、口腔内壁以及咽喉都能呼吸，简直是能"鱼"所不能。

大力支持弹涂鱼上树的，是它拥有的那对大大的胸鳍，它们结实又有力，而且连接在一起，就像两只"脚"一样。利用这对胸鳍，弹涂鱼在陆地上既能走，又能爬，还能跳跃，至于上树更是易如反掌。等涨潮的时候（一来可以借水的力少爬一段树，二来可以避开水——被水淹久了，它会被淹死的），只需用有力的胸鳍抓住树干，用尾巴保持平衡，它就可以不急不慢地抓住树干攀缘而上啦。选好地点之后，弹涂鱼再用演变成吸盘的腹鳍吸附在树干上，静静等待昆虫的到来。

此时，弹涂鱼最大的期盼就是虫儿们快快飞来。因为它只能离开水四十分钟左右，就必须再次回到水中去了。

如蝇逐臭

逐，追赶。像苍蝇追逐有臭味的东西一样。形容追求丑恶事物或趋炎附势。

世界上有多少种蝇？说出来大概会吓你一跳——足足接近三千种！它们有的偏好花蜜，有的爱吃水果，还有的，呃，说出来真恶心，它们经常在粪堆上聚餐，大开 party。

这种恶趣味的蝇主要是苍蝇。作为当仁不让的"逐臭精英"，它们的一生，无时无刻不与臭味为伴。可以说，凡是散发着臭味的地方，比如便便，比如垃圾堆，几乎都有它们流连忘返的身影。

粪堆尤其是它们的挚爱。在苍蝇的世界里，似乎有这么个不成文的规定，即"一个好的苍蝇老妈，必须能为孩子找到便便"。因此，它们常常伸出产卵器在便便里产卵，然后就放心地撒手不管了。

当然，孩子们也不会让老妈失望。如果没有出什么意外，只要它们从卵里爬出来，就无师自通地在粪堆里钻来钻去，吞食着细菌菌体，从中吸取营养——新鲜便便中除了水和没有消化的食物残渣，剩下的主要是含有大量蛋白质、脂肪和糖的菌体——对苍蝇来说，这些都是美味的营养品。因为有充足的营养供应，幼虫迅速长大，然后变成了细长筒状的蛹。几天之后，蛹皮破裂，新一代苍蝇出世了！

新一代苍蝇继续在腐烂恶臭的垃圾中生活，便便、腐烂的水果、腐肉以及其他昆虫的尸体，都是它的最爱。靠着灵敏的嗅觉，它能准确地通过臭味定位，然后毫不客气地一边吃一边吐出消化液，以溶解固体食物，方便它大吸特吸。

到了可以结婚的年纪，苍蝇会积极寻找配偶，然后怀孕生子。苍蝇老妈会把卵宝宝生在哪里？毫无疑问，依然是臭烘烘的便便上。

说到这儿，你是不是已经觉得苍蝇又脏又恶心，希望把它们消灭得一干二净？千万不要！它们虽然会传播疾病（比如伤寒、霍乱），但是，在生态系统中扮演着"分解者"的重要角色，同时还是很多动物的食物。没有它们，咱们的地球上可就少了有趣的一环。

蚕食鲸吞

像蚕吃桑叶那样一点一点地吃掉，像鲸吞食那样一下子吞并。比喻用各种方式侵占吞并别国的领土。

吃饭是一个大问题。所有的生物——无论是纤小如蚕，还是庞大如鲸——只要活着，就得吃饭。只不过怎么吃、吃什么，就要看它们各自的装备和喜好了。

蚕是性格温和、很守规矩的家伙，即使吃起叶子来也循规蹈矩。它们大多是用两只前足抓着叶子，从早到晚，慢吞吞，却极有耐心地一小口一小口（每口几乎不到 1 毫米）地咬着吃。

鲸呢，属于一个超级家族，每一种成员都有自己觅食的"独门绝技"。须鲸，顾名思义，捕食装备就是它的鲸须了。虽然须鲸们的饮食爱好不同，有的爱吃磷虾，有的爱吃小鱼，但它们吃起东西来都是狼吞虎咽的——张开大嘴，一口吞下近一吨重的海水，然后闭上嘴巴，水漏出，食物则被鲸须挡住统统留下。攒了满满一嘴巴，舌头一卷，就满足地吃进肚子啦。

齿鲸作为鲸的另一大家族成员，进食依靠的则是牙齿。齿鲸的牙齿不像人类的牙齿，

有门齿、犬齿、臼齿之分，它们每颗牙的形状都差不多（但不同种类的齿鲸，牙齿形状也不一样），这是因为它们的牙齿并不用来咀嚼食物，而是用来捕猎的。比如虎鲸，它的上、下颚各有10～14对大而尖锐的牙齿，如果咬住的话，这些牙齿就会交错在一起，很麻利地从猎物身上撕下一大块肉！靠着这些牙齿，虎鲸常常潜入水中，偷偷接近猎物（海豹之类），在猎物尚未发现之时，突然发动袭击，用长满牙齿的嘴巴狠狠咬过去，十有八九都会成功哦。

张牙舞爪

形容猛兽凶恶可怕，也形容猖狂凶恶的样子。

看到"张牙舞爪"这个成语，是不是第一感觉就觉得好凶恶？

实在是因为在动物界，有一个最畅行无阻的潜规则：优胜劣汰、弱肉强食。所以，每一种动物能够存活下来，都必须拥有自己的武器。经过漫长的不断进化，牙齿和爪子成为其中重要的两种武器。

牙齿很可能是动物的首选，有时也可能是某些动物唯一的武器。很多食肉动物，比如鲨鱼、鳄鱼、狮子、老虎等，都拥有锋利的牙齿。对于它们来说，可能只需轻轻一口，就能杀死对手。

以丑闻名的疣猪就是如此。它的獠牙又长又大又弯，是进攻和防守的利器。即使剽悍的猎豹，碰上疣猪的獠牙，往往也不是对手。

还有些动物，牙齿可以释放毒液，比如响尾蛇。它拥有两颗空心的牙，又长又尖，就长在上颚前方，连着分泌毒液的腺体。平时，这对毒牙藏在响尾蛇的上颚中，一旦遇到猎物，响尾蛇就会像闪电一样蹿过去，迅速弹出毒牙，一口咬住猎物的脖子。同时，它还会猛烈地挤压毒腺，像打针一样，把毒液沿着管状的毒牙注射到猎物的身体里……猎物很快就会死于非命了。

　　"吃素"的动物，也有用牙齿作为武器的，比如大象。除了亚洲母象，所有的大象都有一对獠牙。这对獠牙是由门牙长成的，锐利又坚固，只要大象活着，这对牙齿就会不断地生长，而且不会脱落。因此，大象的牙齿可以长得很长。大象用它们挖树根、剖果实，甚至和敌人打架！如果惹恼了它，它就用这对獠牙在对方身上捅两个窟窿。

当然，爪子也是动物（尤其是很多"吃荤"的鸟儿）最善于利用的武器。这些鸟儿大多有一双尖利弯曲的爪子，比如老鹰，它们可以精确地抓住猎物，并将之撕成碎片。

熊科动物的爪子永远外露，这是因为爪子是它们爬树、觅食时的必备工具；而猫科动物只有捕猎时才会伸出利爪，平时爪子都缩起来，这样才能够在走路时无声无息，杀敌人一个措手不及。猎豹更是特别，它的爪子只能半伸缩，奔跑时像穿着钉鞋一样，所以可以跑得特别快，有时跑着跑着甚至会超过猎物，还得急刹车，转身堵住逃跑的猎物。

鸠占鹊巢 [jiū]

也作「鸠夺鹊巢」「鹊巢鸠占」「鸠僭鹊巢」，我国古代《诗经》中有「维鹊有巢，维鸠居之」的诗句，后来比喻强占别人的地方或位置。

这么多年来,每次说到"鸠占鹊巢",人们常常会把斑鸠拉出来狠狠批评一番。斑鸠委屈极了:我们才不会抢别人的家,我们其实是会盖房的!

一直以来,斑鸠爸爸和斑鸠妈妈走的都是"低调路线"。它们终年生活在同一个地方,从不张扬——身披灰褐色的羽毛,体型娇小,不太喜欢鸣叫,性格也很温顺。每到繁殖季节,斑鸠爸爸和斑鸠妈妈就会联合起来,叼来枯枝和杂草,在树上搭建一个属于自己的家。这个家像个平台一样,又简单又粗糙,但"金窝银窝不如自己的草窝",斑鸠爸爸妈妈还是很喜欢自己亲手搭建的巢的。在繁殖期,它们总是待在自己的小巢里,轮流孵蛋,照顾小宝宝。而它们建巢选址的首要条件就是要特别特别隐蔽!因为斑鸠不喜欢叽叽喳喳个没完,比较难注意到。也许因为这个原因,很少有人见过它们的家,还以为它们不会盖房呢。

而喜鹊呢，体态风流的它们不仅会"报喜"，更是鸟类中多才多艺的建筑师和做巢爱好者（它们有营疑巢的习惯——就是多建几个巢，借以迷惑敌人）。喜鹊做的巢，虽然外表看起来是一个由枯枝叠成的"大球"，可是内有乾坤。

　　原来，它们在巢外面用了许多比较粗的树枝（有的喜鹊还会选用铁丝）架叠，里面用的是比较细的树枝和草茎，巢内竟然还涂了灰泥，铺了用羽毛、麻类、兽毛或苔藓等做的"地毯"，真是温馨又舒适。更让人啧啧称奇的是，喜鹊还用枝条编成了"屋顶"，还在侧壁留了一两个出入口呢。

不过，和很多鸟儿一样，喜鹊这么精巧的巢主要是用来恋爱、生子、照顾鸟宝宝的。一般来讲，喜鹊宝宝离家之时，也就是鸟巢结束使命的时候。不再需要巢穴的喜鹊，白天成群结队地觅食，晚上则停在高大乔木的顶端休息，这样对它们来说更安全！

喜鹊放弃了自己的巢，完全弃置不用的话，实在浪费，因此有些动物，比如红脚隼、苍鹰、麻雀等，就不客气地占用了！最后悄悄告诉你，这些家伙占用了喜鹊巢之后，还会根据需要再次"装修"一番呢。

狡兔三窟

狡猾的兔子有三个藏身的窝。比喻人为了自身安全而设有多处藏身的地方,也指多种避祸的策略。

没错，兔子们向来都是安静又温顺的。它们没有尖牙，没有利爪，没有厚甲，没有毒液。它们处于食物链的较低端，随时面临着丢掉性命的危险，太多的肉食者——狐狸、蛇、老鹰、鼬鼠等都吃兔子。可是，兔子家族的成员依然活跃在地球上除南极以外的各个地方。

原因只有一个：它们有丰富的生存谋略！

比如，优秀的自身装备（比如长耳朵）、谨慎的性格（白天休息，晚上活动）、极其惊人的繁殖力……穴兔还有了不起的挖洞能力。

穴兔们外表普通，毛色大都接近土色或灰褐色，是唯一一种被驯化的兔子，也是标准的挖地洞爱好者（记住，并不是所有的兔子都会挖地洞，野兔就不行。它们生活在地面上，有时会在狐狸、老鼠等动物的弃巢里或岩石下藏身），也许它们刚刚学会到处跑的时候，就开始了挖洞生活。

穴兔们的家大多由母兔来选择地点和建造——为孩子寻觅一个安全的住所，大约是所有母亲的本能。母兔们在怀孕后，尤其热衷于前后爪并用，挖一个舒服的育婴室。穴兔是群居主义者，兔子们一起生活，大家挖好的洞穴带着曲里拐弯的地道，几乎道道相通，而且通道大多很窄，仅够一只兔子通过。地位最高的公兔和数只母兔住在中心位置，地位较低的公兔们住在周围，它们共同维护领土的安全和完整。

这个大家园有很多个出口和入口，是穴兔们最可靠的保护伞。傍晚或黎明时分，它们常常跑出来，在附近吃草，或追逐打闹。一旦有风吹草动，或敌人企图靠近，胆小谨慎的穴兔们就迅速跳回洞穴里。这样一来，即使敌人无意中发现了地下迷宫，很可能也是"进不来，出不去"或者"进得来，出不去"……万一侥幸找到出口，保证眼也花了，腿也酸了，肚子更瘪了。而穴兔呢？早不知道跑到哪儿去啦！

螟蛉之子 [míng]

螟蛉是一种绿色的虫子，螟蛉之子即义子，俗话指干儿子、干女儿。古人以为蜾蠃（guǒ luǒ）不能交配产子，没有后代，于是捕捉螟蛉来当作义子喂养。后人将被人收养的义子称为螟蛉之子。

西汉时期的文学家扬雄记载过一个故事：蜾蠃不会生孩子，于是，它就把螟蛉的幼虫抓回来藏在家里，细心照顾它，并且经常对它说："像我，像我……"七天之后，螟蛉幼虫就变成了蜾蠃的样子，成为它的孩子。

扬雄的这个故事听起来是不是很温情又很浪漫？它流传已久，一直到现在，咱们还有"螟蛉之子"的说法。

然而，事实不仅不那么美好，还带着一点点血腥。

原来，蜾蠃是一种寄生蜂，属于胡蜂科，腰很细，身体有黑色和黄色的条纹，无比热爱独居生活。到准备生孩子的时候，蜾蠃妈妈就忙得够呛：首先，它要找一个隐蔽的地方，比如树枝上、不起眼的树干边，或者石壁上，甚至某个角落……然后找到泥土，吐"口水"、和泥，再把费尽心思弄好的、湿漉漉的泥球抱回来，一点一点地像砌墙一样，做出一个像泥壶一样的巢，里面还有好几个"房间"哦，所以蜾蠃还有个外号"泥壶蜂"。在每一个"房间"里，蜾蠃妈妈都会产一个卵。可是孩子孵出来之后吃什么呢？

螟蛉妈妈没有奶，也不会给孩子送饭，它的办法直接、简单、粗暴，但却有效——收"干儿子"去，争取每个房间里都给孩子放几条"干哥们儿"！螟蛉妈妈四处寻找，活生生的螟蛉幼虫是最佳选择。这些小青虫又肥又嫩，是上好的"绿色食品"！

　　为了确保"干儿子"不乱跑，且能保持营养状态，螟蛉妈妈在找到螟蛉幼虫时，会用毒针刺它的头，给它做个麻醉手术，确定它不死也不能动，也就是传说的"活而不动"；然后再把它放到自己的孩子身边；最后封口，离开。自此不管不问，继续独自逍遥……

　　而螟蛉妈妈的亲生孩子也不在乎。等它们从卵里孵出来之后，嘴边就是最新鲜的食物，足够它们吃到长成一个小螟蛉！至于觅食、做巢等本领，早就刻在它们的基因里，根本不用拜师学艺。

当成语遇到科学

囊萤映雪

夏夜把萤火虫装在绢袋里照明读书；冬天坐在雪堆旁，借其反射的微光照映念书。形容想方设法勤学苦读。

在古人的心目中，萤火虫的诞生，是一个和夏天有关的、有趣又浪漫的故事。他们发现，每到夏天的夜晚，乱草堆里总会飞出一只只会一闪一闪发光的小虫子，就想当然地认为这些萤火虫是腐烂的草变成的。当然，现在你一定知道了，作为一只地地道道的昆虫，萤火虫一定不会是草变成的。那它又是怎么来的呢？

萤火虫当然是萤火虫妈妈生下来的。每年

当成语遇到科学

夏天，萤火虫爸爸和萤火虫妈妈结婚后不久，准妈妈就开始产卵啦。由于种类不同，萤火虫准妈妈们对产房的要求也不一样：有的觉得水边阴暗潮湿的苔藓是最佳选择；有的认为杂草、树荫下或石头下的阴暗处个个都很棒……而且，不同种类的准妈妈生下的卵大小不一，数量也有多有少，但差不多都是小小的、圆圆的，像一个个迷你版的"乒乓球"。如果没有遭遇意外，10～20天之后，这些卵就开始发出淡淡的荧光，表示"杀手即将出世"！

当成语遇到科学

猜猜看，孵出来的这些"小杀手"，是会飞的萤火虫吗？

当然还不是啦！

破卵而出的只是一只只幼虫，模样有点像毛毛虫。在接下来长达 8 ～ 10 个月的时间里，它们的主要工作就是蜕皮、躲避敌人以及捕猎——因为它们又凶又狠还有毒，所以能杀

死蚯蚓、比它个头还大的蜗牛和蛞蝓。

经过几次蜕皮后,幼虫一点点长大。最后,它们会找个隐蔽的地方,比如松软的岩穴或土缝藏起来,并在那里变身为蛹。

这个时间不会很长。很快,它们将破蛹而出,变成一只只真正的、会飞的萤火虫,在黑夜里发出忽明忽暗的光,好像夜的天穹漏下的星光,美得令人惊叹!

在我们的眼里,萤火虫们又浪漫又富有情调。可事实上,它们忙得饿了也只是吸食一点花蜜或露水,因为它们剩下的寿命可能还不到两周,却有好多事要做,比如躲避掠食者,用发光来吸引异性,然后结婚、生育后代……

说到这儿,你是不是也很想亲眼看看萤火虫,观察一下它们的生活?其实,在二三十年前,萤火虫还是很常见的。现在之所以越来越少了,罪魁祸首还是人类自己。人们在发展经济的时候,破坏了自然,污染了环境,而萤火虫对环境非常敏感,只要有一点点污染就会死亡……

所以说,要想继续看到这些可爱的昆虫,我们一定要做到保护环境,从我做起。

莺歌蝶舞

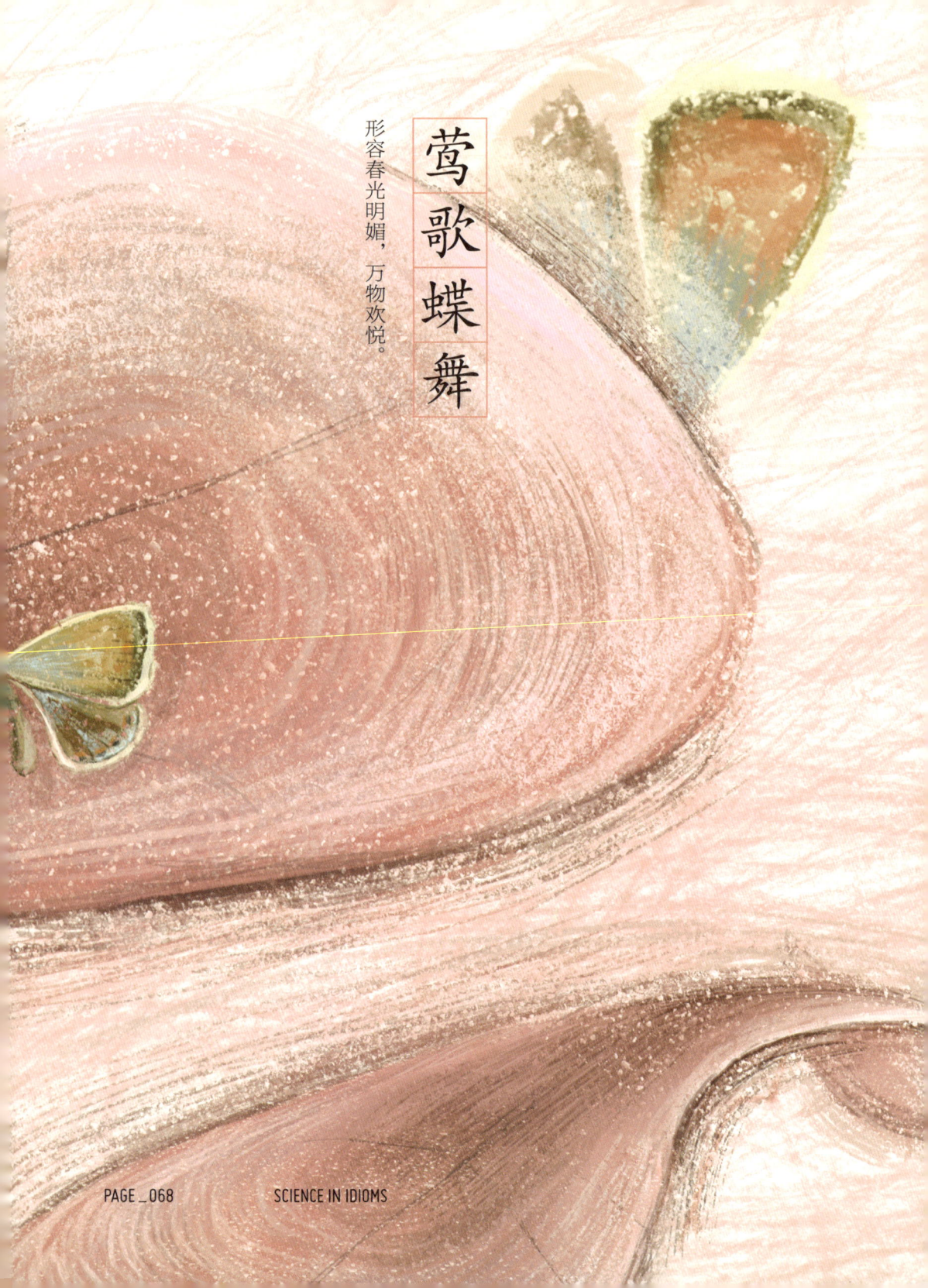

形容春光明媚,万物欢悦。

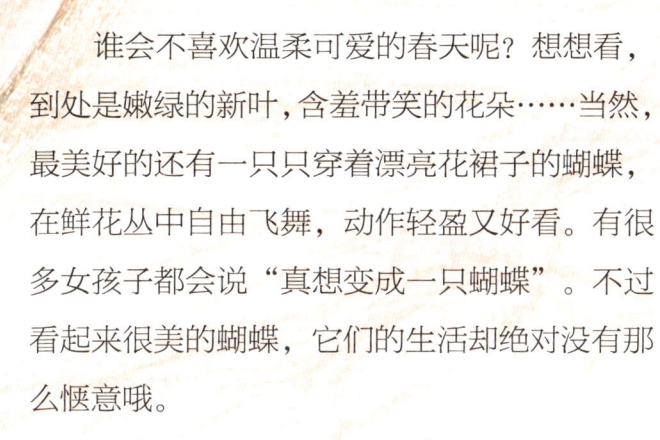

谁会不喜欢温柔可爱的春天呢？想想看，到处是嫩绿的新叶，含羞带笑的花朵……当然，最美好的还有一只只穿着漂亮花裙子的蝴蝶，在鲜花丛中自由飞舞，动作轻盈又好看。有很多女孩子都会说"真想变成一只蝴蝶"。不过看起来很美的蝴蝶，它们的生活却绝对没有那么惬意哦。

和所有的昆虫一样，蝴蝶的一生也是从卵开始的。它们经历了危机重重的卵期、幼虫期和蛹期，在成功化蝶之后，生活空间一下子变大了很多，然而幸福指数却未必同样增加。

首先，蝴蝶根本没有家，或者说它们四海为家。蝴蝶们常常一大早就起床了，晒晒太阳，做做早操，伸展伸展翅膀，开始一天的生活。大部分蝴蝶，上午喜欢采蜜、吸水、求偶、产卵、打架（没错，蝴蝶也会打架！大家常常看到几只蝴蝶在空中互相追逐，那可不是在玩，而是在打架。只要你仔细观察，就会发现，有时候当一只蝴蝶在枝条上休息时，如果有其他雄蝶靠近，它就会起飞追逐——其实这是一只雄蝶，而这也是雄蝶的"领域行为"。如果靠近的是同类雌蝶，它就会翩翩起舞，大跳"求偶舞"呢，真是太现实啦）。等到下午三四点，蝴蝶们就"下班"了，找个能避风遮雨的树叶或草丛，将就着过一晚。

其次，蝴蝶们还有很多烦心事儿，比如没饭吃，没水喝，翅膀破了，被"坏人"追，找不到另一半，天气太热，天气太冷……好多好多呢。不过它们从不担心亲情问题和友情问题，虽然蝴蝶妈妈会生下好多孩子，这些孩子还是卵的时候可能也会聚集在一起，但它们从来不会互相照顾。从出生那天起，它们就各顾各了。而且因为记性不太好，它们也没有固定的好朋友。

不过蝴蝶们最烦、最怕的，大概就是生病了。和人一样，蝴蝶也会生病，因为昆虫的免疫系统不太完善，所以一旦病原微生物入侵到它们体内，它们就很难再好起来啦。

大多数蝴蝶的寿命并不是很长。一只蝴蝶如果运气好，大约能活一个月；如果运气差就很难说了，比如它刚刚会飞，就被鸟儿一口吞了，这种倒霉的情况也很常见。相比之下，生活在蝴蝶生态园中的蝴蝶要幸运多了，因为有人类的保护，它们可能会活得久一点儿。

好啦，现在，你还想做一只蝴蝶吗？

葵藿倾阳

葵，葵花。藿，豆类植物的叶子。葵花和豆类植物的叶子倾向太阳，比喻一心向往所仰慕的人或下级对上级的忠心。

提到太阳的"死忠粉",你第一个想起来的,会是谁呢?

肯定是脸蛋又大又黄又圆的向日葵吧。

这种路边地头都能生长的神奇植物,即使是最炙热的阳光,都不能晒退它们的热情!相反,它们从发芽、成株、长出花苞到花盘盛开之前,每天(是的,必须每天!),向日葵的叶子和花盘(尤其是幼嫩花盘)都要扭动脖子跟着太阳转圈圈,从东转向西,一天一夜一刻也不停歇。

不过,向日葵对太阳并不是"即时追随",它们的指向,大约落后于太阳十二度,相当于四十八分钟。等到太阳落山后,花盘再慢慢往回摆;次日凌晨,又朝向东方,等待太阳升起,开始新一轮的追日运动。

向日葵之所以能一心向太阳,全靠它们花盘下、茎干内的"植物生长素"。

这些生长素，十分喜欢和太阳玩"捉迷藏"，一遇到光线照射，就会跑到背光的那一面躲起来。不过，它还有个非常重要的功能——刺激细胞生长，加速分裂、繁殖。这么一来，你肯定就明白了，当太阳刚升起的时候，向日葵茎部的这种生长素，便马上躲到背光的那面去，刺激这里的细胞繁殖，让这里生长得更快。于是，背光面就压过了向光面，向日葵就慢慢地向太阳转动。而在太阳落山后，生长素再次重新分布，向日葵就又慢慢地转回了初始位置。

哦，还有，喜欢嗑瓜子的你知道吗？向日葵还是个外来户呢。

虽然它们的足迹现在已经遍布地球各地，但实际上，向日葵的祖籍是美洲西部——那时候的向日葵可不像现在这样只有一个花盘，而是拥有多个花盘。还是印第安人在3000多年前，把向日葵由野生植物变成了种植植物，也把它的多花冠变成了单花冠。

大约在16世纪，西班牙探险家将单花冠的向日葵带到了欧洲。起初，大家种植向日葵主要是为了观赏。后来，俄罗斯东正教将每年的四月定为斋月，规定在此期间大部分油类不能食用，但葵花籽油可以食用。于是向日葵的"业务"得以迅速拓展，很快在欧洲得到了广泛种植。

到了明朝时期，向日葵又被带到了中国，中国人也很快爱上了它们，不但闺房里的太太小姐，连大老爷们都喜欢嗑瓜子。

好啦，不说啦，我也嗑瓜子去啦。

五毒俱全

『五毒』多指蝎、蛇、蜈蚣、壁虎、蟾蜍五种动物。后指违法乱纪，各种坏事都做。

每到端午节，咱们都要干什么？吃粽子，划龙舟，喝雄黄酒，小孩子手腕还要绑上五色丝线。

端午民谣说："端午节，天气热，'五毒'醒，不安宁。"古时候民间认为，农历五月，是蝎子、蛇、蜈蚣、壁虎、蟾蜍这五种有毒的小动物活跃的时期（当然了，我们现在知道壁虎只有部分品种有小毒，根据目前的研究，这些毒也对人类无害；蛇也有无毒蛇），所以根据传统，在端午节这天，人们还要请出"端午三友"来对付"五毒"，就是把艾草、菖蒲和大蒜绑在一起，悬在大门前，退蛇虫，灭病菌，驱毒辟邪。

有人可能以为这是迷信，其实不然！只要咱们一起聊聊这"端午三友"，就会忍不住对老祖宗竖起大拇指："哇！好厉害！"

艾草

首先是艾草。在"端午三友"中，它因为外貌而代表"鞭子"。这种草本植物在乡村野外很容易看到，其貌不扬。但到了端午节前后，艾草就变得醒目了，它浑身上下散发出一种特别的气味，如果揉碎一片小小的艾草叶，气味更是鲜明无比——这是因为它体内含有桉树脑、艾草油、侧柏酮、三萜类化合物和香豆素等化学物质，这些化学物质混合起来能够抑制细菌、杀死病毒。

人们对艾草的利用简直是淋漓尽致，用嫩叶拌菜。把艾草丢入热水中，大家伙泡个澡，既能清洁皮肤，也能减轻湿疹以及不明原因的皮肤瘙痒。再或者，人们还用草纸把陈年艾叶卷成团，点着之后在皮肤表面游走熏烤。按照传统医学的观念，这可以通络驱寒、行气活血。此外，艾草还肩负着驱蚊虫的重任，把它的茎叶晒干后做成艾绳，在有蚊虫的时候拿出来燃烧，效果显著，且污染较低。总而言之，艾草值得拥有！

当成语遇到科学 PAGE _079

菖蒲

和艾草在一起的，经常有菖蒲。它有时候作为象征驱除不祥的宝剑，和艾草同时被挂在大门上；有时候和艾草一起被丢进热水中，泡出滚烫的洗澡水。

但和艾草不一样的是，菖蒲是一种水生植物，生长在沼泽、溪边或浅水池塘中，在我国很多地方，尤其是江南，十分常见。菖蒲可以生长多年，冬天藏在淤泥中休养生息，等到春季，匍匐蜿蜒的地下根茎又会生出新的叶子，越来越长，如同一把把长剑——一般有30多厘米长，最长的能长到80厘米，十分醒目。仔细闻闻，它的叶子有一股柠檬味的清香，根茎的香味尤其强烈，这主要是因为它体内含有细辛醚及少量丁香酚、黄樟油素。

在我国传统医学上，菖蒲也是一味中药，尤其是它的根，晒干后经常用作祛风剂、芳香苦味补剂或兴奋剂，用于治疗消化不良及肠绞痛等。

大蒜

　　自从西汉时，张骞带回了大蒜，这种最初被称为"胡蒜"的植物，也不知不觉成了端午节必不可少的家伙之一。在我国很多地方，端午节时大门上除了挂有艾草、菖蒲外，还有大蒜头——你看，大蒜头像不像锤子？

　　选择大蒜，显然也是古人们深思熟虑的结果。除了它们模样很适合充当武器，五月还是大蒜们生长茂盛的季节，如果把它们从地下"请"出来，剥掉皮，便是白白胖胖的蒜瓣，放在嘴里嚼一嚼，哇，味道真是令人难忘！当然，拥有大蒜素的大蒜也是值得信赖的杀菌能手，许多细菌、真菌、寄生虫都是它们讨伐的对象。

缩头缩脑

形容畏缩不前,或胆小不敢出头。

"缩头缩脑"是个特别有画面感的成语。如果要在动物界找一个"缩头缩脑"的代言人，恐怕许多小朋友都会马上想到——"乌龟乌龟，缩头乌龟嘛！"

确实，乌龟的样子似乎就是这个成语的写照：背上负壳，肚下垫甲。稍微吓唬吓唬，它们就会把头、四肢和尾巴缩进壳里，一副"惹不起躲得起"的没出息的样子……

不过呢，也不是所有的龟都看上去像个小可怜。龟鳖目是个大家族，现存 300 多种，有海里游的海龟，还有陆上走的陆龟。其中最大的一种是棱皮龟。它可是大海中的游泳健将，

TIPS
所有的乌龟都缩头吗？
当然不是，海龟的头可缩不回壳里去。

可以长到3米长（龟壳的直径就有2.5米左右），体重更是能达到1吨，赛得上10头猪，连有毒的水母都是它的口中餐。而陆龟中最大的当数加拉帕戈斯象龟，它们体长1.2米，走路虽然慢，却像踱着方步的将军，威风凛凛。

科学家们给龟鳖目成员分大类时，采用的是一个特别有趣的标准：看它的头如何藏进壳中。我们见过的大多数龟，都是把脖子往后一缩——这是个什么动作呢？其实有点儿像大白鹅"曲项向天歌"，把脖子从后往前，沿着竖直面拧成"U"字形。不过鼻子和嘴巴啊，还是冲着前方的。这样缩头的龟就叫"曲颈龟"。

另外一类龟就不同了。它们的缩头其实不是真正意义上的"缩头"，而是扭头。这个动作就像小姑娘跟人闹别扭，把脖子往旁边一甩，再掖进壳里。人家把头藏进壳里时，头已经侧过去了，根本不拿正眼看你。于是我们就叫它们"侧颈龟"。

龟甲有着明显的防护作用。因此，古生物学家们以前认为，无论是曲颈龟还是侧颈龟，它们之所以会进化出缩头的动作，都是为了保护自己免受外界的伤害。

当成语遇到科学

不过，由一位瑞士古生物学家领导的研究小组却不这么想。他们手中握有 150 万年前的原始龟类化石——这种龟在晚侏罗世生活在今天的德国境内，与著名的始祖鸟比邻而居。几位科学家仔细观察了它的颈椎，发现它虽然跟侧颈龟更亲，但却能依靠最后面的三节颈椎，完成类似于曲颈龟的缩颈动作。只是这脖子只能缩一半，头也根本没法缩进壳中。

头藏不进壳里，这缩头的动作哪能用来防身呢？

于是，科学家们参照生活于今天北美地区的拟鳄龟的习性，猜测这种古龟是擅长打埋伏战的凶猛捕食者。它们的缩头动作并不是为了躲藏，而是像眼镜蛇、鳄鱼那样，一旦认准猎物，就飞快地探头咬住，叼住后再快速回缩，打它个猝不及防。

所以你看，乌龟的祖先才不是"缩头乌龟"，看事物可千万不能只看表面哟。

当成语遇到科学

史军 /主编
临渊、杨婴 /著

我们熟悉的成语，描述的内容都正确吗？
当科学家看到成语，会发现哪些好玩的科学知识？

花花草草和大树，我有问题想问你

史军 /主编
史军 /著

多姿多彩的植物世界，藏着许多"为什么"！

动物界的特种工

史军 /主编
临渊、杨婴、陈婷 /著

身怀绝技的动物界的"特种工"，
你知道它们最得意的本领吗？

生物饭店
奇奇怪怪的食客与意想不到的食谱

史军 /主编
临渊 /著

神秘热闹的"生物饭店"总部，
管理着整个地球全部生物的吃饭问题。